品成

阅读经典　品味成长

不是心理测试

一次关于自我的探索

周小鹏 陈照瑞 著

人民邮电出版社

北　京

图书在版编目（CIP）数据

不是心理测试：一次关于自我的探索 / 周小鹏，陈照瑞著 . -- 北京：人民邮电出版社，2024. -- ISBN 978-7-115-65146-4

Ⅰ．B841.7

中国国家版本馆 CIP 数据核字第 2024B8C189 号

◆ 著　　　　周小鹏　陈照瑞
　　责任编辑　马晓娜
　　责任印制　陈　犇

◆ 人民邮电出版社出版发行　　北京市丰台区成寿寺路 11 号
邮编 100164　　电子邮件 315@ptpress.com.cn
网址 https://www.ptpress.com.cn
天津裕同印刷有限公司印刷

◆ 开本：880×1230　1/32
印张：4.5　　　　　　　　　2024 年 9 月第 1 版
字数：65 千字　　　　　　　2025 年 6 月天津第 4 次印刷

定价：39.80 元

读者服务热线：（010）81055671　印装质量热线：（010）81055316
反盗版热线：（010）81055315

序

  本书是一本以心理测试为载体，帮助大家疗愈和成长的工具书。之所以需要用心理测试来帮助大家了解自己，是因为了解自己其实是一件非常困难的事。我们的大脑能够处理的记忆和情绪是有限的，有很多的记忆和情感，都被埋藏在心灵深处。精神分析学派据此将人的意识分成 3 种：本我、自我、超我。平时大家都能认识到的就是自我，而本我和超我都只是在特殊情况下才会影响人的行为。所以人很难意识到自己的本我和超我是什么样的。

  尽管通过反思、冥想或者深度的心理咨询等方式，我们可以了解自己的本我和超我，但是这么做的成本较高，相较而言，心理测试就是一条帮助大家快速认识自

己的捷径。①

　　本书中的心理测试分为五章，分别是情绪、解决力、性格、安全感、爱与被爱，每章都包含 5 个相关测试。在读者做测试的时候，请先把所有选项都看完，然后快速选择自己第一个想到的，最符合自己的情况的选项，无须纠结犹豫。这样的测试结果会相对准确。

　　各位读者除了阅读自己所选的选项的解析，也可以看看其他选项的解析。本书的测试解析并不是百分之百准确，因此即使不是自己一开始选择的选项，其解析的内容也可能与你有关。希望各位读者都能找到真正的自己。

---

① 本书提供的测试及其解读，是基于现有的心理学研究结果及大部分受试人群的反馈，在个体层面难免存在偏差，请理性看待测试结果。

目录

第一章

情绪

1. 你有多抑郁?

你觉得哪个孩子哭得最伤心?

A. 黑色头发的女孩

B. 棕色头发的男孩

C. 金色头发的女孩

D. 黑色头发的男孩

A. 黑色头发的女孩

你的内心坚强，就像图中的女孩一样，最伤心的时候依然会拿出手帕擦拭自己的眼泪，所以你现在并没有得抑郁症，而且在你有抑郁情绪的时候，你还有力量对抗。但是需要注意的是，你仍然有陷入抑郁情绪的风险。如果你长期处于情绪低落的状态，一旦你内心的力量不足，你还是会很容易陷入抑郁。

B. 棕色头发的男孩

你有时候想要展示自己坚强的一面，但是其实你的内心容易受伤。虽然表面上的你并不抑郁，可是你内心或许很压抑，但你并不想得到别人的关注，也不希望别人注意到你的情绪低落。

C. 金色头发的女孩

在别人眼中，你通常是安慰别人的那个人，谁也不会想到你也有需要安慰的时候。表面上，你每天都很乐观，但是很少有人真正知道你心里的想法，也很少有人关注你的情绪。所以你应该告诉自己，偶尔展现自己脆弱的一面并不是一件坏事。

D. 黑头发的男孩

　　你最近可能情绪低落，甚至有抑郁的倾向。在这四个小孩中，这个小男孩哭得最无助，或许你也跟他一样，常常感到无助。如果你经常陷入这种状态之中，那你可能有比较严重的抑郁倾向。你应该学会向周围的人求助，找一个可以支持你的人，帮你渡过难关。

你知道"微笑抑郁症"吗？

"微笑抑郁症"的 7 个突出表现：

1. 白天和晚上反差大

白天在家人、朋友面前表现得很积极，很热情，大事小事都安排得井井有条，但到了晚上，经常一个人躲起来哭。

2. 很少主动求助，害怕暴露自己的脆弱

别人问起来，总是说"我没事""我可以""我挺好的，你忙你的，不用管我"，生怕成为别人的负担，宁愿自己一个人扛下一切。

3. 觉得自己是为别人而活

不管什么时候，都觉得自己有让家人快乐、幸福的责任，哪怕自己再累，再不开心，也会故作坚强，只展示自己最好的一面。

4. 躯体化症状

晚上失眠，多梦、易惊醒，白天没精神，身体不适，而且难以集中注意力，比如看一页书，没办法一行一行地读，需要一个字一个字地看，看完还觉得好像没看懂。

5. 对曾经感兴趣的活动失去兴趣

为了合群，或者让别人放心，会假装喜欢参与某些活动，但其实根本提不起兴趣。

6. 有自我攻击的倾向

遇到挫折，不开心的事，会全部归因到自己身上，责怪自己不够好。

7. 有自杀的念头

"微笑抑郁症"患者，更容易感到孤独，因为没人看得出他们正在经历痛苦，所以，他们会有更强的自杀动机。

在这7条特点背后，有个共通点，就是"微笑抑郁症"患者会戴上面具，把自己真实的情绪和想法隔绝起来，不让别人看到。如此一来，他所有的负面情绪就只能自己消化，无法排解和释放。

今天是更好的一天，
因为你在这里。

2. 你距离抑郁症有多远？

　　每个人都有不开心的时候，你不开心时，会像哪个动物一样做什么事情？

A. 像鸵鸟一样把头埋进土里不理人

B. 像树懒一样睡觉

C. 像河马一样狂吃

D. 像小鹿一样多运动

选 D 距离抑郁症最远，选 A 距离抑郁症最近，选 B 和 C 都距离抑郁症较近。

A. 像鸵鸟一样把头埋进土里不理人

逃避没有办法解决问题，只能暂时让自己脱离现实。偶尔逃避没有问题，因为这是正常的自我保护机制。但是如果逃避了很多次，可问题还是一直存在且越来越多，那么你很可能正在走向抑郁。这些问题可能是学业压力，工作压力，恋爱压力或婚姻家庭问题，久而久之，它们会增加患抑郁症的风险。

B. 像树懒一样睡觉

睡眠是好的放松方式，如果确实疲惫，那么好好休息并没有错。但是如果你的睡眠逐渐变得不规律，在没有任何事情的情况下失眠，或者常常无缘由感到困倦，有可能你离抑郁症并不远。

C. 像河马一样狂吃

遇到压力就想吃东西，是因为高级别的需求没有被满足，因此转而寻求低级别需求的满足。尽管一次两次的多吃，可能对身体影响不大，但终究是不健康的行为。如果暴饮暴食频率增加，说明你距离抑郁症更近了。如果你常这么做，那么不妨尝试一下，把买零食或者下饭馆，改成自己做饭。自己做饭可以让你直接体会到自己所做的工作的价值，这对于防治抑郁症是很有好处的。

D. 像小鹿一样多运动

多运动是非常好的选择，如果你选择了这一项，那么恭喜你，即便你有抑郁情绪，也在积极疗愈中，或者你离抑郁症还很远。因为运动可以调动你的身体机能，让你的神经系统兴奋起来，从而减少患抑郁症的可能。最重要的是，运动可以让你积蓄力量，解决遇到的问题。

改善情绪的方法

1. 每天进行 30 分钟的有氧运动

法国兰斯大学的一项研究表明，有氧运动对于抑郁患者的症状有显著的改善作用，因为有氧运动可以通过内啡肽释放神经递质调节等生理机制，帮助人们调节情绪，保持心理健康。

所以心情不好的时候可以考虑每天进行 30 分钟的散步、慢跑，或者骑自行车、跳绳、游泳、打太极拳等有氧运动。

2. 吃点儿好的

确保饮食中包含各种各样的食物，以获得全面的营养。此外，还需要增加特定营养素的摄入，如维生素 D、维生素 B_6、维生素 B_{12} 等。这些维生素对神经系统功能和情绪调节有重要作用。

3. 创造好的睡眠环境

创造好的睡眠环境有助于提高睡眠质量，比如换个不透光的窗帘，穿上舒服的睡衣，选择更舒适的枕头，睡前还可以放一些舒缓的音乐，帮助入眠。睡好了，心情也会变好。

当然最重要的是，一定要及时觉察到自己的消极情绪，如果你觉得自己现在状态很差，一定要及时向专业的心理咨询师和专业的医生寻求帮助。

向一切偶然敞开自我

3. 你为什么焦虑?

以下几件事情，哪件事情最令你感到不适？

A. 宠物生病了

B. 买的水果坏了

C. 被老板批评

D. 牙疼

大部分的焦虑都来自安全感和自尊不足，如果你认为这些事情都不会令你不适的话，恭喜你，你很有安全感。

A. 宠物生病了

你容易有分离焦虑。宠物生病如果会让你很焦虑的话，说明你对于跟其他个体的分离感到焦虑。有这种分离焦虑，通常是因为小时候没有和父母形成良好的分离与回归的互动。有分离焦虑的人应该增加独处时的安全感，在感到焦虑时，做一些放松练习。

B. 买的水果坏了

你容易有财产焦虑。财产焦虑是对自己所有物的过度担忧和焦虑。可能小时候丢失过物品或在金钱方面有过创伤，导致你很在意自己的财物有没有坏掉或丢失。你对财产的焦虑，也可能投射到你的另一半身上，因为你把他看作你的财产。这导致你在关系当中，有比较强的占有欲。

C. 被老板批评

你容易有价值焦虑。你可能是一个比较自卑的人，对自己是否有价值感到怀疑。当你的劳动成果被否定时，你会感觉很焦虑，因为这让你感觉到自己没有价值。你需要做的就是多认可自己的成果，少关注别人的看法。长此以往，你就不会对他人的评价感到焦虑，因为你对自己有清晰的认知。

D. 牙疼

你容易有身体焦虑。身体焦虑包括很多方面，比如说容貌焦虑、身材焦虑、健康焦虑等。你很看重你的身体健康，当然，爱惜身体是一件好事，但是过度焦虑就会对心理健康产生不好的影响。生病的时候，需要的是遵医嘱，耐心地接受治疗，而过度地担心身体健康本身就是一种心理问题，它会让你对医生的诊断和建议产生怀疑。

如何缓解焦虑？

认为焦虑有害这种观念，本身就会带来危害。每种情绪都有它存在意义，而焦虑也是人类生存和进化的需要，提醒我们居安思危，不断发展，以应对未来可能出现的危险。比如你躺在床上刷短视频的时候，想到手头还有一堆事情要处理，你就开始心慌、焦虑，这时候的焦虑就是在提醒你放下手机去处理重要的事情。

所以我们不需要因为焦虑而焦虑，需要提防和控制的是过度焦虑。因为过度焦虑，会削弱我们解决问题的能力，甚至引发身体疾病，影响人际关系和相应的社会评价。

那怎么缓解和控制焦虑呢？

第一步，停止想象和自我对话。就像担心明天上班路上会堵车，这是事实还是想象呢？当你意识到自己所焦虑的内容只是想象的时候，就可以提醒自己中断想象。

第二步，主动选择，立刻去做。你要学会主动选择艰难的任务，然后去做，不要等。你要意识到，无论发生什么事，你都是有主动选择权。你如果主动选择艰难的任务，你就会觉得完成任务没那么艰难了；主动去选择一个眼下不想做，但从长远看对你有帮助的事情，你就会发现这个事情没那么讨厌了。

真正让我们焦虑的，
是我们对自己的不满和偏见。

4. 你容易因为什么愤怒?

你觉得什么地方最危险?从下面几张图片中选择你认为最危险的场景。

A. 沼泽

B. 悬崖

C. 山洞

D. 沙漠

A. 沼泽

最容易令你感到愤怒的是损失时间和金钱。沼泽代表的是停滞不前，消耗财富、时间、精力等。如果别人毫无意义地浪费你的资源，你会感到很生气。你会在意自己拥有的东西，不愿意让它们白白丢失。但是很多时候，你的愤怒会让你损失更多的时间和精力。所以你在遇到问题的时候，要先想一想，这件事是不是真的值得生气，生气是不是又会浪费更多的时间、精力。

B. 悬崖

最容易令你感到愤怒的是遭到别人的背叛或者被欺骗，因为这让你感觉在人际关系中受到了打击。可能你曾经有被背叛的经历，让你对这样的情况很敏感。你在意的并不是物质上的损失，而是关系被破坏。不过，有的时候，不守信用可能并没有你的愤怒对关系的破坏大。

C. 山洞

最容易令你感到愤怒的是丢面子。你将面子看得很重，因为你很看重自己的尊严。同时，你内心有比较自卑之处。为了掩盖自己的自卑，你会通过发怒来攻击别人，但实际上，在公众场合发怒会更令你难堪。一方面，你要学会适当控制自己的情绪，用合宜的方式释放情绪；另一方面，你要寻找一下自卑的根源，然后克服它。这可以让你成为更加自信的人，不必在意别人的评价。

D. 沙漠

最容易令你感到愤怒的是你的个人空间受到侵犯。你是一个注重个人生活的人，你很在意别人侵犯你的个人空间。你比较习惯跟别人保持距离，不会轻易和别人走得太近。因为你认为关系是危险的，你害怕陷入人际关系的旋涡。其实，大多数人都是善意的。在你因为别人干涉自己个人事务生气时，可以多想想他们的动机。

人为什么会愤怒？

我们先来总结一下愤怒的三个常见原因。

第一个原因是自恋受挫，对应 C 选项。自恋受挫指你的自我价值感和自尊受到了打击。比如你今天被老板批评了，晚上将这件事告诉伴侣，本以为他会站你这边，开导你、安慰你，结果他只是告诉你不要想太多，还跟你讲了一堆职场生存法则，说你就是情商太低，需要学的东西还很多。于是你感到非常愤怒，这种愤怒就因为伴侣不但无法倾听和理解你的痛苦，还给你添堵，伤害了你的自尊心。

第二个原因是边界侵入，对应 D 选项。当我们的边界被入侵，也会感到愤怒，比如另一半私下翻查你的手机，不熟的亲戚过年问你每个月赚多少，怎么还不生孩子之类的问题。这个时候产生的愤怒就是你的大脑感受到自己的领地被侵犯了，想要维护它。

第三个原因是需要未得到满足，测试中对应 A 选项和 B 选项。当你心中的负面情绪过多，就会下意识地把它们转变为愤怒，因为愤怒让你看起来更有力量，能够掩盖那些真实的感受和需要。比如，很多离婚之后独自一人抚养孩子的单亲爸妈经常会冲孩子发火，背后的原因往往是他们觉得独自抚养孩子很辛苦，或者在孩子身上看到了前夫或前妻的影子。

通过这个测试，我们了解到了愤怒感受的原因。那么你只要通过改善上述几方面，就可以减少愤怒情绪的产生。

让我们坐下来，喝杯茶，发发呆，
然后把问题解决掉。

5. 如何治愈自己?

当你的情绪和状态都处于低谷的时候,你应该如何治愈自己?看下面这几朵花,选择能够让你放松下来的花。

A. 兰花

B. 向日葵

C. 菊花

D. 夹竹桃

E. 郁金香

A. 兰花

　　你是个有想法、有计划的人，你有自己的方向和计划，只是在前进的过程中暂时有些迷惘。你在情绪低落时，胡吃海塞可能是你的发泄方式之一。但是科学研究表明，人的肠道细菌和心情有很大的联系，所以健康、规律的饮食很重要。

B. 向日葵

　　现在的你可能正面临着比较大的挑战，你很期待自己可以渡过这个难关。你的能力和动力都很强，但是现状让你陷入停顿，让你觉得使不上力气。那么充足的运动可以帮你调动积极性，让你的能量得到发挥。

C. 菊花

　　你是一个凡事有方向和计划的人，也对自己有较高的标准，可是如今你面临的局势，可能会消耗你的耐性。但这也是让你得到锻炼与成长的机会，你可以考虑利用这段时间去精进自己的专业技能，提高技术实力。这样你会有更强的竞争能力，也更容易找到自己的价值。

D. 夹竹桃

你是一个内心敏感的人，容易觉得孤独与无助。你应该尝试打开心扉，去找寻他人的理解与帮助。不论是在社交关系中还是在家庭关系中，要学会坦诚，主动表达真实想法，你的主动会更利于经营与维护一段关系。当你感到疲倦难受时，不必让自己默默神伤，你身边那些真正爱你、在意你、心疼你的人会给你积极的力量，他们会帮助你走出当前的窘境。

E. 郁金香

你可能处在某种心理紧绷的状态，你有自己的期待和目标，也在为目标不辞劳苦地拼搏着。可是你的精神压力太大了，因此容易忽略生活中开心与幸福的瞬间。你可以尝试给自己放个假，重新调节自己的生活，学会张弛有度，学会恰当地让步与转变，学会释怀，容许自己时不时偷个懒。当你的身心放松下来，你才能感受到生活的充实与喜悦。精神上感到轻松愉快，你才可以以更好的状态吸引更美好的人、事、物。

疗愈不良情绪的五驾马车

疗愈抑郁和焦虑之类的情绪问题，除了药物治疗外，有五驾马车。它们缺一不可，分别是环境的支撑、健康的饮食、适量的运动、放松的心情和持续的学习。

第一驾马车，是环境的支撑，一个人所处的环境可以简单分为两个方面：家庭环境和周边环境。家人的状态、居住环境对于有抑郁和焦虑倾向的人来说，影响很大，家人要理解、接纳他们。周边环境指社交和工作环境等，周边环境糟糕也会进一步增加人的焦虑和抑郁情绪。

第二驾马车，是健康的饮食。情绪和饮食互相影响，情绪不好，胃口也不好，要么吃不下，要么暴饮暴食，身体抵抗力下降，不利于情绪的改善。而均衡的饮食有利于增强体质，改善情绪。

第三驾马车，是适量的运动。有大量研究表明，运动可以促使大脑释放多巴胺、内啡肽和血清素等神经递质，这些化学物质对情绪稳定和愉悦感具有重要的作用，而抑郁症通常与这些神经递质不足有关。此外，户外运动时可以晒太阳，这对人的情绪也有好处。

第四驾马车，是放松的心情。就算压力再大，只要心情是相对放松的，就不容易患上情绪疾病。过度紧张、长时间感受压力等，都可能造成抑郁或者焦虑。

最后一驾马车，是持续的学习。学习的作用是调整认知，行为心理学认为，人的想法会影响行为，积极的想法带来积极的行为，消极的想法带来消极的行为。当认知改变之后，很多情绪问题自然迎刃而解。

我试着不咀嚼生活的苦，

也不尝虚荣的甜。

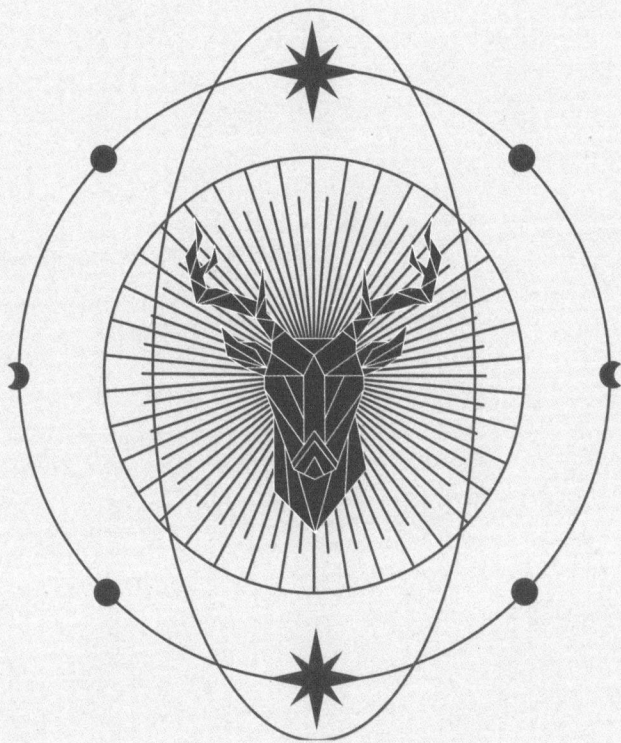

第二章

解决力

1. 你的执行力如何?

如果需要把新年计划写下来，你会写在哪里？

A. 便签

B. 笔记本

C. 信封或贺卡

D. 日历

A. 便签

较难完成计划

便签是很方便的记事工具，使用的人很多，但并不适合记录新年计划。因为时间长了，便签可能会被遗忘，或者会被其他东西遮盖，导致无法检查计划完成情况。

B. 笔记本

比较容易完成计划

笔记本是可以长时间使用的记录工具。把新年计划记录在笔记本上，说明你对它是比较重视的，因此完成的可能性也比较大。另外，如果你使用笔记本进行记录，说明你做事会有一定的规划和条理。有了这两点，你是有可能顺利地完成新年计划的。

C. 信封或者贺卡

计划完成起来较困难

信封和贺卡的作用是传递信息，但是对于计划来说意义不大。写在信封或贺卡上的新年计划很可能会变成美好的愿望，而并没有付诸实践。以这样的心态写下的新年计划，自然较难完成。

D. 日历

完成计划的可能性较大

日历是很容易被忽视的记事工具，但是用它来记录新年计划最好不过。因为日历可以将计划和时间紧紧地联系起来，方便随时检查记录完成情况。有了时间的限制，就不容易拖延，而且日历就像进度条，你可以随时在上面查看计划的完成情况。因此，如果你选择在日历上写新年计划，那么完成计划的概率是比较大的。

执行力=态度+能力+结果

执行力强的人只要决定了做一件事，就一定是坚定、认真的，谁也拦不住。

为了做成这件事，他会总结前人的经验，去看成功的人身上有哪些能力，遇到问题会想办法解决，他会竭尽全力地锻炼自己。

这个过程中，他不会有强烈的负面情绪，因为他知道自己要的是结果，所以困难不会让他动摇，只会让他更坚定。

目标一旦确立，执行力强的人会马上列出计划，清清楚楚标出要实现目标的时间，每个小阶段需要做哪些事情等。做好计划后，他会坚决执行。

来往随心所欲，
做自己完全绝对的主人。

2. 从做饭看你成功的品质

日常生活中的小事，比如做饭，可以反映出一个人的性格和品质，那么，你拥有了哪些成功所需要的品质呢？

想一想，你最擅长做饭的哪个工序？

A. 买菜

B. 切菜

C. 炒菜

D. 煲汤

A. 买菜

你做事权衡利弊，善于规划。买菜之前，需要做好对整桌菜品的规划。所以你如果擅长买菜，那么一定很擅长做计划，并且会平衡好投入和产出。做好规划，是迈向成功的第一步，只要按照规划前进，就会离成功越来越近。另外，如果你擅长买菜，那你还会考虑别人的感受和需求，你的同理心比较强。如果你选择去自由市场买菜，那么与人沟通交流也是你所擅长的。

B. 切菜

你做事细致，精益求精。切菜需要切得均匀，炒出来的菜才会又好看又好吃。如果你擅长切菜，那么你肯定是做事细致的人，对自己的要求比较高。切菜还是一种辅助工作，需要配合买菜或炒菜的人，无论是在职场中，还是在亲密关系中，会配合的人很容易得到他人的喜爱。细节决定成败，注重细节的人更容易获得成功。

C. 炒菜

你做事迅速，追求效率有时容易过分注重结果，忽略过程。炒菜需要把握火候，迅速下菜、调味、翻炒、出锅，所以你做事很迅速，追求效率。能把菜炒好，说明你在忙碌的时候，做事也可以井井有条，不会手忙脚乱。如果你能迅速、高效地解决问题，相信紧急的事件就难不倒你。

D. 煲汤

你做事有耐心，能坚持。煲汤最需要耐心，所以你做事也比较有耐心。很多事情，并不是着急就能改变的，而是需要慢慢等待机会。当然，煲汤也不只是等待，还需要准备好各种调料，以及时刻关注火候。做事就像煲汤，时间到了，才会成功。

想要成功就不能没有影响力

影响力，是一个人在和他人交往中所表现出来的，影响和改变他人心理、行为的能力。

怎么拥有影响力呢？你可能会想到，如果想要影响别人，那我要拿出实力，树立权威，让对方心服口服。

的确，让其他人觉得你在某方面权威、比他厉害，让他看到你就想到某个"标签"，从某方面来说，是个提高影响力的好方法。

比如"主治医生"对于患者来说，就是权威的象征。

有心理学研究指出，如果只展现自己的力量，或许可以迅速获得人们的尊重，但同时也可能招来他人的畏惧。如果想要获得别人的追随和支持，就一定要在表现出力量的同时，让他人感到温暖。

心理学家科胡特把温暖定义为"归属感"和"被关爱感"的结合。用社会心理学的语言来解释，温暖就是能够获得"社会认同"。社会认同指的是，当人们面对不确定性的事情时，常常会根据第三方的意见做出决策，以保持自己的行为与社会主流意见的一致性。跟我们关系越紧密的人，他们的意见对我们的影响就越大。

人们容易被与自己有相似特征的人影响。因此，我们可以从生活、经历、想法等各方面寻找与他人的共同点作为引起共鸣的突破口，从而扩大我们的影响力。

总之，利用人与人之间的共性，结合我们所具备的专业、权威性，就能够潜移默化地影响他人。

你很有力量，你很坚强，
你给我们带来了帮助。

3. 困难面前，你最想听到什么？

　　遇到困难时，每个人都有自己的应对方式与行为模式。那么，你会采取怎么样的方式面对困难？这个测试会告诉你答案。

　　当你遇到困难时，你最希望听到别人对你说哪句话？注意，这里的困难指你个人的困难。

A. 对不起！（道歉）

B. 我来帮你（援助）

C. 你能行！（鼓励）

D. 歇一会儿吧（休息）

A. 对不起！（道歉）

你很想逃避问题，而别人的道歉正好让你有机会放下一部分责任。你很可能认为自己没法克服困难，所以希望有人来帮你承担一部分。你不擅长应对大问题，所以会倾向于将一部分问题留给别人。你需要的并不是别人真正帮你做什么事情，而是希望他们可以帮助你顶住压力，让你高效地面对问题，否则你就容易被问题本身，或者对失败的恐惧压垮。

B. 我来帮你（援助）

你需要的是陪伴，希望有人陪你一起应对困难。就算你有能力解决问题，但你还是希望有人陪你一起，因为这样你就不会感到孤独。你需要别人做事情、出主意来带动你，要不然你就容易在困难面前踟蹰不前。需要注意的是，别人可以给你提供帮助，但是他们不一定会让问题变得更简单。在别人的干预下，反而会变得更难处理。

C. 你能行！（鼓励）

你只是自信心不足，所以你最需要鼓励。你的能力没有问题，但紧张和压力会让你难以完全发挥自己的力量。

所以你需要鼓励，需要自信，需要别人的肯定，这是别人能给你的最好的帮助。得到鼓励之后，你才能尽力去做，真正克服困难，达到自己的目标。

D. 歇一会儿吧（休息）

你是一个自尊心很强的人，遇到困难时，自尊心会阻止你逃避困难，也阻止你表现出担忧。你有能力和信心克服困难，但你目前最需要的应当是放松，允许自己休息。如果可以停下来，休息一下，让自己紧绷的神经放松下来，你才有力量更好地解决问题。所以当别人劝你休息一会儿，你才能暂时放下，之后以更好的状态面对困难。

从倾听开始沟通

无论在什么情况下遇到困难，都应该好好倾听你身边的人所说的话，他们的话或多或少都对你有益。

当我们提到沟通的时候，通常想到的都是"如何表达"，但很多时候沟通失败，就是因为表达得太多。当别人在诉说时，我们并非努力倾听，试图理解对方，而在忙于准备说服对方按照我们的想法办事。这种沟通，看起来在交流，实际上等于自言自语。

所以人际关系出现问题，往往是因为忽视了沟通的第一步——"倾听"。那么，我们要怎样学会倾听呢？

第一，先听清楚对方在说什么，不要急于表达自己的想法。

第二，放下心里对别人的固化认知，不带成见地理解对方的每一个想法。

第三，感受对方的情绪和需求，并引导对方把情绪表达出来。

第四，学会复述对方说的内容，以确保自己理解对方的想法。

真正会沟通的人是会舍弃回答，真正去聆听对方，而不是自己想听到什么就强迫对方说什么。只有先认真倾听，才能给对方合适的建议。

在沟通的过程中，虽然倾听的一方看上去什么都没说，好像是被动的一方，但其实他们正在通过沟通主动构建一个更健康的对话氛围。

再颠簸的生活，也要闪亮地过。
去爱、去生活、去受伤，
人间总归值得。

4. 你在表达中容易隐藏什么？

很多人际关系中的问题，都是表达方式的问题。下面这个测试可以让你了解你在表达方面存在的问题。

看下面几张云朵的图片，让你觉得最压抑、最不舒服的是哪种云？

A.

B.

C.

D.

A.

你的表达容易隐藏自己的情绪。你喜欢就事论事，不愿意过多表达自己的情绪和感受。这可能是因为家庭教育对你个人的情绪管理太过严格，让你学会了隐藏情绪的表达方式。但是压抑的情绪并不会凭空消失，长时间压抑情绪容易产生情绪问题。

你可以尝试表达情绪，或者想办法排解情绪，保持身心健康。

B.

你的表达容易隐藏自己的真实想法。这很可能是因为小时候家长经常替你做出决定，当你提出自己的想法时，要么被忽视，要么被批评，要么被否决。于是，你学会了顺着别人的情绪和意图说话，这可能导致长大后的你习惯于阳奉阴违。

你可以学习表达自己的真实想法，一开始可以尝试对心理咨询师，或者和你信任的人说说，习惯之后就可以顺利地表达了。

C.

　　你的表达容易隐藏对自己不利的事实。你对很多于自己不利的事实比较敏感，会下意识地将它们隐藏起来。这可能是小时候遭受批评而产生的自我防御机制。因为害怕家长的批评，所以你通过隐藏事实，来避免不好的后果。但是，这么做很容易导致事情变得更糟糕，造成关系紧张或其他不良后果。

D.

　　你的表达容易隐藏对他人的反馈。你对于他人为你做的事情不敏感，你会把他人对你的付出当成理所应当的事情，所以你不会表达出应该有的感恩或歉意。久而久之，你的人际关系就会受到影响。

　　你应该养成多感恩的习惯，多看到别人对你的好，这样你也比较容易感知幸福。

正向表达需求

不正确地表达需求会让对方感觉受到了责备。比如，你说"几点了，你还知道回来"，其实你只是想让另一半早点儿回家，但这样的话在对方听起来是很有攻击性的。你不妨坦诚自己的真实需求，试着正向表达："我很希望你能早点儿回家，多陪陪我跟孩子，这样我们都会很开心。"

同理，想要安慰的时候，不要说"你看不出我心情不好吗"，而是说"我想要你陪我聊聊天，安慰安慰我"。如果我们能温和、直接且具体地提出需要，对方才更愿意满足我们。

我们之所以很难正确表达需求，是因为成长过程中遭到的拒绝造成了创伤，让我们形成了防御机制。比如，小时候想要父母的陪伴、夸奖，想要零花钱，但总是被拒绝，甚至受到指责；长大后跟恋人提出想要关心陪伴，也总是被拒绝或者冷漠地忽视；等等。次数多了，为了抵抗"被拒绝"带来的难堪、羞耻，心理防御机制就会启动——"反正说了也没用，干脆不说""反正要也要不到，干脆不要"。

最终导致我们无法觉察自己的需求，更不知如何表达需求。

人只应服从自己内心的声音，

不屈从于任何外力。

5. 你的逆袭指数是多少?

　　每个人都会遇到困难,有的人遇见困难时会做出改变,突破困境,获得成就。你的逆袭指数有多高,是什么阻碍了你逆袭?

　　有空的时候,你会选择做下面哪件事?

A. 登山

B. 钓鱼或喝茶

C. 逛街

D. 读书

A. 登山

你的逆袭指数很高。你有很强的动力去克服困难，因为登山本身就是人为地给自己制造一个困难去克服。所以当你真的陷入逆境中，你会有足够的力量去改变现状。

B. 钓鱼或喝茶

你的逆袭指数较低。你追求安稳的生活，讨厌人际冲突，如果遇到困难，你可能会努力适应环境，而不是做出改变。只有当生活发生了天翻地覆的变化，你才可能做出比较明显的改变。

C. 逛街

你的逆袭指数中等。你比较在意物质生活的质量，但你的改变动力不足，只要你还有办法维持现有的生活，就不太愿意牺牲很多时间和精力去改变。而你内心的安全感也并不是很强，所以你会选择更保守的方式生活。

D. 读书

　　你的逆袭指数较高。选择读书的人都有一颗上进的心。你可能现在有着平稳的生活，但是你内心一定希望自己的生活能过得更好。如果生活中遇到了困难，你会尽力去克服，因为你不愿意消极落后。你只可能是壮志未酬，或者努力的方法不够正确，但你一定不会随波逐流。

黑色生命力

逆袭的能力，在心理学中称为"黑色生命力"。拥有黑色生命力的人，就算面临了巨大的压力、逆境，甚至是创伤，都不会放弃，反而生命力更加旺盛。这种生命力会让他们更懂得如何处理问题，更自信，也更懂得感恩。

那普通人怎么利用获得黑色生命力呢？有以下三个方法。

1. 接纳自己的负面情绪

你要学会承认、接受自己此刻或者曾经的负面情绪，告诉自己"我看到我经历的痛苦了""我看到我的难过了""没关系，我允许自己和它们待一会儿"。

当你承认和面对自己的情绪时，你才能找到应对的方法，比如承认自己感情受伤了，需要得到朋友的陪伴、支持或者家人的理解。只有接纳负面情绪，你才能与它和解。

2. 问正确的问题

遇到挫折、创伤，不要问"为什么我这么倒霉""为什么是我遭遇这些"，更不要反复地自责，怀疑自己"我是不是太失败了""以后我是不是都无法获得幸福了"，而要学会问自己"这件事想要教给我什么""我学到了什么""我能通过行动改变什么""如果我无法改变当下的处境，我还可以做什么"。

当你真正想要行动去解决问题时，你就会为自己开辟出一条全新的道路。

3.给自己写信

这是心理学中非常重要的一个"自我技术"。你可以在信里反思自己这段时间的失误，复盘自己做得好的地方，还有自己现在的生活过得怎么样，告诉自己接下来应该有哪些方面的成长。最关键的是，你要把自己当作最好的朋友，感谢"他"这么多年的陪伴，邀请"他"跟你一起继续破局、成长。

你的复盘和反思，就是梳理自己困惑的过程，而你对自己的鼓励和支持，就是让你前行的动力。如果你现在正在面对"黑暗"，我相信你会选择穿越它，并获得力量！

不管我们面对什么处境，

不管我们的内心多么矛盾，

我们总有选择。

第三章

性格

1.你是积极的还是消极的?

看看下面几个人中谁最像坏人?

A.

B.

C.

D.

A.

　　你看问题的角度偏向理性和积极。你注意到了图上最大的鼻子，说明你会注意事物明显的异常，以此来做出判断，说明你会更加理性地看问题。另外，这个男人的衣服是红色的，是暖色调，但是你仍然选择他是坏人，说明你并不会顺着一般规律来进行判断。你是一个积极主动的人，即使在困境中，你也可以发现积极的一面。

B.

　　你看问题的角度偏向于感性，并且偏向消极。他的脸部特征只有一副眼镜，不算异常。会将外貌并没有明显缺陷的人判定为坏人，说明你的感性判断比较多。你做出判断时，可能会联想到一些其他事情，而不是完全基于事情本身。另外，你认为穿蓝色衣服的人是坏人，也是悲观的一种表现，当事情朝着不好的方向发展时，你会认为事情会变得更糟而不是有转机。

C.

你看问题的角度是感性的，同时偏向积极。他的头部最引人注目的是耳环，他的头发、脸型没有突出的特征。你根据这些来联想到他并不是好人，说明你的感性判断较多。和 A 选项一样，他的衣服是暖色调，所以你的判断角度偏向积极。

D.

你看问题的角度是理性的，偏向消极。和其他人比，他的头部特征有比较明显的异常，光头、有胡子、戴眼镜。所以你可能以此判断他比较像坏人，而且他的衣服是大面积冷色调，对应的是消极的思维方式。

我们为什么会内耗？

心理学中有个理论叫作情绪 ABC 理论，A 代表事件；B 代表信念，也就是我们的想法；C 代表情绪、行为，我们会根据对事情的想法，选择某种情绪或者行为作为回应。

所以，为什么你会抑郁、内耗、处理不好人际关系？通过情绪 ABC 理论，我们可以得到以下两大结论。

1.困扰你的不是事情本身，而是你对事情的看法。

举个简单的例子，周末你带孩子去公园放风筝，风筝掉在地上，你正想过去捡，结果有个姑娘一脚踩在了风筝上。这个时候你肯定很生气，心想这人怎么这样，成心的吧！你正想过去跟她理论，却发现这个姑娘其实是个盲人，你的火是不是立刻就消了？你觉得她踩风筝只是无心之举，甚至还会同情她，想要帮助她。可见，同样一件事，你对事情的看法变了，情绪、行为也会跟着改变。

2.我们所有的想法都源于过去的经验，而想法可以通过练习改变。

比如，如果有人说你"奇葩"，你是不是第一反应就是"不爽"？因为大家都觉得"奇葩"是一个贬义词。其实奇葩是个褒义词，只是在网络的影响下，我们的想法改变了，对"奇葩"的感受也变了。

人最高级的智慧就是能够区分"事实"和"想法"，让你痛苦的从来都不是事情本身，而是你对事情的看法，想改变你的情绪，只需要改变你对事件的看法。最后送大家一句话：心随境转，苦不堪言；境随心转，方得自在。

真诚、勇敢与真实，

才是人类生命的解救。

2. 你的心智是否成熟？

以下哪一颗心形宝石你最愿意戴在胸前？

A. 蓝色宝石

B. 黄色宝石

C. 粉色宝石

D. 白色宝石

A. 蓝色宝石

　　图中的蓝色的心形宝石代表了沉稳，脚踏实地地前进。一个人不行动，是永远不会成熟的。只有自己有能力去做事，才是成熟的开始。你明白自己真正想要什么，因此可以朝着这个方向不断地努力。

　　整体来看，你不仅拥有沉静的心智，而且你的眼光是远大的，因为你是一个活在未来的人，做事的着眼点都以未来为主。这使得你慢慢练就广大的格局。虽然你稍显高傲，许多事情都不放在眼里，也时常愤世嫉俗，但是随着时间推移，你会懂得收放自如。

B. 黄色宝石

　　图中的黄色宝石代表着还没有完全褪去的激情，你有自己的目标，会脚踏实地地前进。但是另一方面，图中的一只手代表着你不能勇敢地"独自"面对很多事情。这里的"独自"并不是指你单独一人，也可能是指你需要别人的支持。如果完全没人支持，可能你也并不会有所行动。

　　整体来看，你是一个踏实稳重的人，你的处事方式是比较成熟的，有自己的一套方法。因为你的现实感强烈，所以你不会轻易打破当下的平衡，只有与你切身利益相关的事你才会出手，也只有你顶不住了，才会去寻求别人的帮助。或许有人会觉得你对于新事物不够积极，其实你要

在确认"足够安全"后，才会放开了胆去做。

C. 粉色宝石

图中的心形宝石是粉色的，代表年轻、纯洁，未被世俗污染。周围的背景是纯白色，说明环境对你的影响也不大。或许你还不清楚自己想要什么，但是已经有能力去做一些事情。

整体来看，你是一个温润如玉，温厚善良的人，你自始至终都保持赤子之心，追求诗和远方，就算身处生活的大染缸，你也能保持一份出淤泥而不染的纯净和天真。你不喜欢要手段，算计别人，活得漂亮而大气。随着年龄的增长和阅历的增加，你想要尝试更多事情，学习更多知识。当你越来越成熟，你的外表与内在仍然呈现出一种活力和天真。

D. 白色宝石

图中心形宝石是白色不透明的，代表你的心理年龄较小，倾向于把事情想得简单。背景是度假海滩，表示你更在意个人的舒适。另外，心形宝石被放在凹凸不平的沙子上面，暗示你喜欢随遇而安。

整体来看，你是一个很简单的人，你的抗压能力一般，生活中的问题常让你感到棘手。你特别羡慕小朋友的生活，无忧无虑，于是你潜意识里让自己按照小朋友的方式活着。其实能保持童心很难得，既然改变不了，那就活得纯粹一点儿。

心智成熟的人才能把婚姻经营好

什么是心智成熟？能做到经济独立，为自己的幸福负责，为家庭的利益负责，就算心智成熟。

经济独立，就是有赚钱养家的能力。两个成年人结婚就是脱离了父母的家庭，组建了自己的小家。但有些人结了婚还在"啃老"，一是经济完全依赖父母，二是闹了矛盾，还要找两边父母解决，这就是不够成熟的表现。

为自己的幸福负责的人在做出决定之前，会全盘考虑。就算之后出现什么问题，他们也觉得自己有能力去解决。婚姻中，很多人会抱怨说"我知道我想要什么，但我选错了人"或者"都是因为他出轨，毁了我的幸福"，这其实都是把自己的幸福寄托在对方身上——我跟你结婚了，所以你要为我的幸福负责，如果我不幸福，那就是你的错，而我就是受害者。这样的人不明白，当自己有能力幸福的时候，才会吸引同频的伴侣。

为家庭的利益负责是想要这个家变得更好，两个人共同面对问题、解决问题，有时候可能还要让渡一部分个体的利益。这个家是两个人说了算，钱也是两个人一起赚、一起花，两个人齐心协力，才能让这个家越来越好。

梦想者向外看，

觉醒者向内看。

3. 你更看重自己还是人际关系？

下面的图片，你最喜欢或看着最舒服的是哪张？

A.

B.

C.

D.

A.

　　你更重视个人的内在体验。图中的这个女人，低头看着自己手中的水晶球，其实看的是自己的内心。你很看重个人的体验，如果体验不好，你可能就会对于所处的关系或所做的事情感到厌烦。如果你不想维持关系或者不想做某事，你就需要改变与他人相处的方式或做事的方式，想办法让自己舒服一些。

B.

　　你更重视的是事情的结果。图中的这个女人，弹着琴的同时还看着树中间的球。无论是在人际关系中还是面对事情，如果结果是好的，你就会坚持做下去。基于这种心态，你做事会比较有目的性，比如你重视家庭，其实也是为了追求家庭圆满的结果。为了得到这些结果，你能够去做一些自己不愿意做的事情。

C.

　　你很重视关系。图片的主体是三只天鹅，可以代表家人、同事等你周围的人。你在意你自己与别人的关系，可能会要求自己去迎合他们，希望拉近和他们的距离。如果有人会利用关系远近来威胁你，你就容易妥协。你害怕孤独，渴望和别人建立关系，愿意结交新朋友。但是有时你也应该反思一下自己，这样的做法是否真的对自己有好处。

D.

　　你看重关系和自己。图中的人虽然手里抱着东西，但眼睛依然看着别处。或许在你内心，此二者有一个轻重之别，但是你并不想舍弃任何一方，你在做事时会平衡二者的关系。如果二者的平衡被打破，那么你可能会感觉沮丧和失败。不过你需要了解，很多时候二者很难平衡，偏向其中一个你更看重的，会让你轻松一些。

成为想象中的自己

只有你更看重自己，成为想象中的自己，你的生活才会更好，婚姻才会更幸福。什么是"想象中的自己"？就是你做的任何事情都符合自己的价值观和兴趣，这个时候你的内在自我就是融洽的，所有的心理能量都在往同一个方向使劲，这就是我们所说的自主。

能否达到这种状态，取决于你自主感的需求是否得到了充分的满足。一旦没有得到满足，人就会出现两种倾向，那就是无主或他主，或二者兼有。无主，就是我不知道自己要什么；他主，就是他人或物驱使我做事。

具有无主倾向的人，往往是从小就不被允许表达情感，自主感的需求得不到满足，长大后做任何事情都会觉得"就那样吧""无所谓了""怎么着都行"。

而他主倾向的人呢？他们的自主感的需求得不到满足，变成了他主倾向，也就是其他人或物驱动我去做事。在他主的状态下，金钱、权利、别人的喜欢和认可都是不可控的，得到的时候会很开心，失去的时候会很痛苦。

两个灵魂，

不会偶然相遇。

4. 你更看重事业还是家庭?

你最喜欢哪幅图中的花?

A. 粉色的郁金香

B. 花瓶里面的玫瑰

C. 桌上花瓶里面的小黄花

D. 池塘里的荷花

A. 粉色的郁金香

你是一个爱情至上的人，无论你在工作上或是学习上取得了多么大的成就，只要感受不到爱，你便会寝食不安，魂不附体，失去人生目标。虽然物质生活也很重要，但是你更喜欢浪漫的爱情。你比别人更需要爱来滋养，所以你会花更多的时间在自己的家庭上。

B. 花瓶里面的玫瑰

你更重视工作，尽管你仍然有一颗追求爱情的心。你并不缺乏感情经历，但是你不会因为爱情放弃工作。你希望另一半不占用自己太多的时间，不要打扰、阻碍你的工作。你很热爱你的工作，或者自己所做的事情。当然，你也可以将照顾家庭当作自己的事业，让自己能平衡两者。

C. 桌上花瓶里面的小黄花

你并不渴望爱情，也并不追求工作上的成功。你是个完全忠于自我感受的人，在你的眼里你自己更加重要。你会事事靠自己，展示自己，你渴望获得大家的肯定与赞美。展示自己的方式有很多种，你可以选择事业，也可以选择爱情。

D. 池塘里的荷花

你希望自己可以平衡工作和爱情。你希望成为优秀的、对社会有用的人；但是爱情对你来说也很重要，你也渴望来一场甜甜的恋爱。你的生活或许有两面，一面给认真工作，一面给恋爱，两者的成功都能给你带来力量。如果你能平衡好这两者，那么你会过得很幸福。相反，如果你没能平衡好，你的生活会很纠结。

婚姻幸福的方法

无论你是更看重事业，还是更看重家庭，都没有任何问题。每个人都扮演着不同的角色，有的人想成为优秀员工，有的人则想成为好丈夫、好妻子。处理好家庭与事业的关系，对于幸福生活很重要。

第一，增加了解。无论是恋爱还是结婚，都需要了解对方所看重的东西，以免造成矛盾。

第二，做好分工，找平衡。随着社会的发展进步，男女的分工开始有所转变。我们要打破固化的传统观念，不要觉得男主外、女主内是必须的。在一个家中，谁更擅长在外打拼，那就多分出精力在赚钱上，谁心思更细腻，那就在家庭上多操心。需要注意的是，不要只有一方单方面付出，或者觉得谁赚钱多谁就更有话语权。两个人都是为家付出，找准价值平衡点才是让婚姻幸福长久的方法。

别回头，
往前走。

5. 你更容易在哪些方面感到自卑？

　　每个人都有自卑之处，不同的人有不同的经历和成长环境，因此会有不同的自卑心理。只有了解了自己的脆弱之处，你才能更好地改变自己；只有克服了自卑，你才会变得更加强大。那么你在哪方面容易自卑呢？

　　你认为下面哪种差异最让你难以接受？

A. 过胖和过瘦

B. 歌手和观众

C. 富有和贫穷

D. 经理和员工

A. 过胖和过瘦

你在身体上感到自卑。你可能曾经被人评论身材或相貌，因此你在这方面有自卑的心理。当别人跟你说起你的身材，你或多或少还是会感觉不适。需要展示外形时，你就会退缩。相对来说，这种自卑比较容易克服。只要你取得一定的成果，有一技之长，或者在某一方面得到了认可，自然而然，你就会不那么在意别人对你的外形的评价了。

B. 歌手和观众

你在文化上感到自卑。在学校里学习不如别人，可能就会被同学排挤或嘲笑，甚至家长也会告诉自己的孩子，不要跟学习不好的同学一起玩。到了社会上，学历歧视也仍然存在。所以如果你曾经学习不好，学历也不高，那你可能就会产生这样的自卑；或者你对于唱歌跳舞等艺术形式一窍不通，也会在这方面感觉自卑。不过无论是知识，还是艺术，你都可以通过学习来消除自卑。当你明白了学习并不是一件很复杂的事情，这种文化上的自卑就会渐渐消除。

C. 富有和贫穷

你在经济上感到自卑。很多人会因为缺钱自卑，不想谈及自己的经济条件。这是过度看重金钱导致的。如果你想克服经济上的自卑，首先，你可以尽可能地努力挣钱。另外，现代人很多消费，都是为了攀比、炫耀。当你放下攀比心，不再用金钱衡量一个人是否成功时，你就可以逐渐克服经济上的自卑。

D. 经理和员工

你在社会地位上感到自卑。你太看重地位的差距，你认为职位高的人比职位低的人更有价值和权威。但其实，在我们生活的环境中，人人都是平等的，职位只是一个职能代表。所以你需要改变自己的认知，认识到人人都可以通过自己的努力活得更精彩，这样你就可以消除这种自卑。

超越自卑

阿德勒在《自卑与超越》这本书中说，看起来的傲慢、自恋，其实是内在自卑的一种外在表现形式。自恋的本质就是自卑，自恋只是一层虚假的外套，越是内心虚弱的人，越想要佯装强大。

自恋、自大的人，他们的自我评价主要来自社会比较和他人评价，如果得不到他人认可，他们就会焦虑、痛苦、难过。正因为他们的内心是自卑而没有安全感的，所以他们才要表现得自恋、自大，为的是保护脆弱的内心。

我们心中都有一个理想化的自己，我们会幻想自己应该如何成功，应该成为什么样子的人，这些幻想会让我们得到暂时的愉悦。然而，一旦现实与幻想不一致时，就会产生落差，导致自卑、焦虑和脆弱。为了减少这种落差，自恋且自卑的人就会贬低他人、抬高自己。

其实人人都会在一定程度上感到自卑，当我们接受自己的自卑，接受自己不可能十全十美时，我们才有能力对自己坦率，给自己无条件的接纳与爱，才不会因为自己的局限、不足，或者别人的评价而焦虑。

穿越逆境，

直抵繁星。

第四章

安全感

1.你认为失去什么最令人不安？

图中这位男士即将被人抢劫，你认为什么东西被抢走，最让他感到不安？

A. 帽子
B. 围巾
C. 手杖
D. 怀表

A. 帽子

你认为失去尊严最不安。帽子在这里是地位的象征之一，如果你选择的是帽子，那么说明你是一个很在乎尊严的人。

B. 围巾

你认为失去爱最不安。围巾代表爱和别人的关心和照顾，如果你选择围巾，说明失去爱会让你感到不安。失去爱不仅指失去爱情，还包括亲人去世，失去心爱的东西，等等。这些事都会很令你不安。

C. 手杖

你认为失去健康最不安。手杖代表的是健康。对于健康感到不安，说明你很可能经历过一段比较长的不健康的时光，或者你身边重要的人正被健康问题困扰，所以你很清楚一旦失去了健康，就失去了一切的道理。所以失去健康就会让你很不安。

D. 怀表

你认为失去财富最不安。怀表代表的是财富。从富有到贫穷，这种落差会让一个人很难接受。可能你就有这种经历，这种事情让你深深感觉不安。

安全感从哪里来？

什么是安全感？安全感是一种感觉，一种让人可以放心、舒心，感觉有所依靠、可以相信的感觉。无论男女，都需要安全感。

安全感强的人，他们的自我接纳和自我认同都比较高，也就是说他们很自信，而安全感不强的人容易有强烈的自卑和敌对情绪。

安全感不足的人在情感关系中常常会有以下两种类型的表现。

第一，过于依赖人

他们认为自己只有依靠伴侣，才能活下去，所以他们会不停地确认伴侣对自己的爱与忠诚。只要对方有一点儿不耐烦的态度，或者小小的忽视，对他们来讲都像是一个巨大的威胁，好像对方随时可能抛弃他们。

第二，过于独立

他们似乎强大到不需要别人，所有的事都必须靠自己完成，经常把自己搞得筋疲力尽。这类人觉得靠山山会倒，靠人人会跑，但他们并不是真正的独立，而是害怕自己所依赖的人离开，所以干脆谁都不靠，不信任。他们采取防御性的回避策略，实际上，他们对亲密关系有极其消极的看法。

在心理学上，有一个简单的行为能让你快速获得安全感——回到原点。在晚上睡觉前，给自己一小段时间，不要让任何人打扰到你。先放一段你喜欢的轻柔的音乐，拿一块足够把你完全裹起来的毯子，然后在音乐声中裹上毯子，静静体会这种全身被包裹住的感觉，就像回到了妈妈的子宫里，至少保持5分钟你一定会感觉到放松、安全。

生活爱出难题，
但是时间总有答案。

2. 你对他人的信任程度

你最喜欢哪朵花？

A.

B.

C.

D.

A.

你容易相信给你利益的人。你把自己的切身利益看得特别重，财富是你权衡一个人优劣的关键，当你看到了对方身上可以利用的点，就会信任他。这并非好事，因为你太容易基于利益关系信任一个人，最后受到伤害的也是自己。

B.

表面上，你渴望和别人交往，但是你并不容易打心底里相信别人。当你遇到能够信任的人时，你就会主动与其交往，这对你来说是件好事情，但是由于你并不很容易相信别人，因此你们之间可能会有一些隔阂。而且你也不允许对方对你不诚实。如果真的对方做错了什么触碰了你的底线了，你不会轻易原谅他。

C.

你容易相信别人。当前你看清一个人品质的能力还不是很成熟，需要一段时间去参悟磨炼，你该懂得什么样的人适合当朋友，什么样的人不适合当朋友。当自己还不太成熟时，很容易识人不善，只有吃了亏，才慢慢有了识人的能力。识人不取决于心墙有多高，关键是要看清什么人是值得信任的，什么人应该与之保持适当的距离。

D.

你比较难相信别人。虽然你对自己的亲人没有太多防备，但只要面对外人，你的自我防范意识就比较强。你在和人交往时较为慎重，只有看清一个人的本性时，才会跟他有更深入的交往，而在没有确定这个人的品行优劣之前，你是不会向他打开心扉的。

如何与伴侣建立深层的信任？

第一，签订协议，让双方感觉有保障。

深层次的信任感，不是仅仅靠说话和行动就能建立的。对于某些特定的事情，签订有法律效力的协议，更能让双方有安全感和信心，当然这也能代表双方对婚姻关系的信心和决心。

比如，你可以和伴侣在相关机构签订具有法律效力的婚内财产保护协议。当然，如果你们在恋爱中，也可以订立一些轻松有趣的协定，比如周几谁做饭，谁打扫卫生，做到了有奖励，做不到有惩罚。只要双方都履约，几次之后，你们之间的信任感就会逐渐增强。

第二，建立情感账户。

人是活在关系中的，关系对于信任感的提升来说尤为重要。建立情感账户，可以逐渐增进你们的关系。

情感账户就像银行账户一样，批评、伤害、让对方痛苦就是在透支感情，时间长了，透支太多，关系就难以修复；而做让对方高兴的事，就等于在存储"爱"，爱存得越多，婚姻的幸福感就越强。

在情感账户中存款的项目包括：赞美、拥抱、肢体接触等，还有两个人独处的时刻，比如一起去旅游、约会、互送礼物等。取款的项目包括：指责、抱怨、嫌弃、鄙视、拒绝等让对方伤心、生气的行为。

有你在就足够了，今天、明天，
永远都是。

3. 你的家庭和谐吗?

过年回家时,你会做哪些事情呢?

A. 和家人拥抱问候

B. 和家人一起做饭、包饺子

C. 和家人聊天

D. 和家人看电视

全选说明家庭很和谐，选 B 说明家庭和谐程度高，选 A 和 C
次之，只选 D 说明家庭不太和谐。

A. 和家人拥抱问候

　　和家人拥抱说明家庭成员之间比较亲密，因为关系和
谐、亲密的家人，才会有拥抱之类的亲密肢体接触。

B. 和家人一起做饭、包饺子

　　家庭成员共同劳动，说明在家里的劳动分配是合理、
正确的，也说明家庭成员之间可以正确地合作。如果在分
工和合作的方面没有问题，就说明家庭的功能至少是完整
的，而这正是家庭和谐的核心。

C. 和家人聊天

　　和家人开心地聊天，说明家庭成员间沟通较为充分。相
反，如果话不投机，或者大家都沉默不语，说明家庭并不和谐。

D. 和家人看电视

　　大家一起看电视，是一种陪伴。或许家中每个人有不
同的兴趣爱好，但是愿意一起坐下来看电视，就说明愿意
陪伴其他的家人。

结婚，一定要看原生家庭的家规

为了避免婚后因为对方的家人、家庭争吵，结婚之前应多多了解对方的家庭沟通模式。

通过遵从取向和谈话取向的组合，我们把家庭沟通模式分成四种风格：一致型、多元型、保护型、放任型。

一致型家庭

这种家庭属于高谈话、高遵从取向，承认家里的权威，但家人可以在一起公开讨论话题。这类家庭，有着森严秩序，父亲或母亲喜欢发号施令，展现自己的权威，要求家人必须听从。

多元型家庭

这种家庭是高谈话、低遵从取向，每个人都可以说话，大家不会统一意见，每个人都可以按照自己的意愿做事。

保护型家庭

低谈话、高遵从取向。这种家庭中，家庭成员可能会更注重维持和谐的家庭氛围。低谈话，即不经常开展沟通和讨论；高遵从，即权威者做决定。

放任型家庭

低谈话、低遵从取向。这样的家庭，家庭成员之间的关系可能很好，但彼此不干涉，大家虽然同处一个屋檐下，但互不打扰。

了解了这四种家庭沟通模式，对我们有什么用呢？是让我们找和自己原生家庭沟通模式匹配的伴侣吗？当然不是，了解家规是为了求同存异，婚后制定一套属于自己小家的新沟通模式。

建立一套新沟通模式，需要明确的第一个核心观点就是，沟通模式没有对错，只有是否能让彼此成长；第二个核心就是，制定沟通模式，目的是让"我"变成"我们"。

爱并不需要你与众不同。

4. 你的边界感有多强?

边界感是区分自己和他人的课题的一种能力。缺乏边界感会给自己或他人带来很多困扰。你比较容易在哪方面缺乏边界感?

如果你有一个院子,你觉得用哪种围墙比较合适?

A. 木栅栏

B. 铁栅栏

C. 密集的横栏杆

D. 低矮的墙

A. 木栅栏

你在很多方面都缺乏边界感。木栅栏间隙过大，很难划分出一道边界，所以你可能比较缺乏边界感，认为人与人随意相处就行。其实你的行为可能会对其他边界感清晰的人造成困扰，比如，随意打听别人的隐私，随便麻烦别人办事，或者借钱、借东西不注意归还的时间，等等。所以，你需要学习和练习建立自己的边界感。

B. 铁栅栏

你在个人隐私方面缺乏边界感。选择这种栅栏说明你可能比较八卦，爱打听别人的事情，你也很喜欢跟别人说自己的事情，认为这是拉近关系的方式。有些边界感不强的人不太在意，但是边界感强的人就会不喜欢和你交往，因为他们很在意自己的隐私。

C. 密集的横栏杆

你在任务方面缺乏边界感。栅栏上缠绕的树叶，代表生活上的小事，说明你可能在任务方面缺乏边界感。你很热心，爱帮忙。当然，你可能也经常让别人帮你做一些事情。这两种情况都属于任务方面边界感不强的表现。每个

人都有自己要做的事情，任务方面边界感强的人会厌烦你这样的热心。所以如果你遇到不领情的人，试着理解他，他只是在这方面边界感比较强。

D. 低矮的墙

你在物质方面缺乏边界感。这面低矮的墙上有茂盛的树枝伸过了墙，代表着物质方面的边界感。你乐于分享，比如愿意跟周围的朋友分享食物等，同时你也可能不经他人同意就使用他人的物品。这都说明你在物质上边界感较弱。面对在物质方面边界感比较强的人，你不要随便动他的东西，也不要随便向他借钱。

活出边界感，你的生活才能自己说了算

心理学中的边界感，指的是与他人保持舒服的距离、不被侵犯的状态。这个距离由身体距离和心理距离组成。举个简单的例子，你站在电梯角落里，又上来了一个人，你们俩互不认识。正常情况下，他会站在离你相对较远的位置。但是，如果这个人直接站在你身边，你肯定会觉得不舒服。原因就是对方跨越了你的心理界限。正常情况下，陌生人之间的身体距离保持在1.2～3.5米是合适的。当然，设定边界并不是不能靠近，而是彼此在尝试靠近的同时，尊重、维护自己和别人的边界，以及说"不"的权利。

在日常生活中，我们可能会不断面对各种来自他人的挑战和侵犯，学会保持适当的边界感可以保护自己的独立性和尊严。尊重他人的边界同样也是维持健康关系的关键，因为每个人都有自己的私人空间和个人偏好。

在社交场合中，正确的边界感不仅可以保护自己，也能有利于与他人的友好互动。尊重他人的界限、坚持自己的底线，可以建立起相互尊重和信任的关系。及时表达自己的需求和感受，同时尊重他人的需要，能够有效地维护边界感，并且有助于促进良好的人际互动。

因此，学会正确地理解和保持边界感，不仅有助于自我保护和维护个人空间，也有助于建立健康稳固的人际关系，是实现心理健康和幸福的重要一环。

自由一生，
是我全部的野心。

5. 你有什么家庭创伤?

你讨厌什么天气?

A. 大晴天

B. 阴天

C. 雷雨天

D. 大风天

A. 大晴天

你的家庭创伤是曾被父母逼迫做不愿意做的事情，比如上自己不想上的课外班，学自己不喜欢的专业课程，等等。因此，你现在可能有一种逆反心理，不愿意受到别人的约束。

B. 阴天

你的家庭创伤可能是被冷落。父母无视过你的请求，让你很伤心，或者父母冷落你，让你感觉寂寞。因此，现在的你害怕被拒绝，很难主动提出要求，也害怕别人离开你。

C. 雷雨天

家庭留给你的创伤是缺乏安全感。你父母在你害怕的时候没有陪在你身边，没有尽到保护你的责任。所以你缺少安全感，这可能会导致你容易依赖人，常常需要跟在别人身边。你有点胆怯，容易有害怕的情绪。

D. 大风天

你的家庭创伤可能是关系不稳定。你的父母可能关系不好，容易吵架；也有可能父母婚姻破裂，导致你在单亲家庭中长大。你的创伤让你不愿和别人建立深度关系，或者在建立深度关系后害怕分开。

有童年创伤怎么办？

童年创伤，尤其是严重的创伤，确实会对成年后的人格产生影响。

以下三种迹象说明你有童年创伤。

1. 哪怕什么都还没发生，就会把结果往坏处想，这在心理学上叫灾难化思维。

2. 习惯性迎合他人，哪怕自己并不喜欢。

3. 总喜欢关注事情坏的一面，忽略好的一面。

如果你符合两种以上，就说明你儿时的生长环境让你没有安全感，给你留下了创伤，所以你习惯性用悲观、压抑自我的方式来保护自己。

精神分析鼻祖弗洛伊德是最早提出童年创伤的人，他认为童年发生的事情会在一个人身上留下印记，并且会影响他的一生。

可原生家庭带来的创伤真的无法摆脱吗？当然不是。

心理学家认为，如果你不具备解决问题的能力，那么创伤就会影响你的生活，但如果成年后，你能逐渐培养自己解决问题的能力，你就有创造幸福的可能。

所以，原生家庭带来的创伤是可以修复的，如果把生活的失败、挫折，性格上的缺失都归结于原生家庭，那就是"错误归因"。错误归因，就会得到错误的结果。

就像塞利格曼说的，不要盯着童年创伤，更重要的是，看到你生活中最近发生了什么事，而你又是怎么通过这些事去修复自己的。

我不会把你丢在童年，

谢谢你成为我。

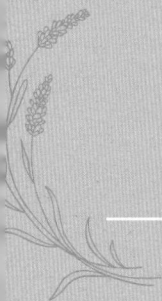

第五章

爱与被爱

1. 你们相爱吗?

下面几张图，哪张最让你感到幸福？

A. 城市的黑白照片

B. 雪天拥抱

C. 在田野里拥抱

D. 在草地上拥抱

113

A. 城市的黑白照片

你选择的图是在城市里，两人都互相接受彼此，这说明你们是相亲相爱的。在这个大千世界里，能彼此认识，彼此了解，彼此相爱，是一件很不容易的事，你们非常珍惜彼此。而且当你第一眼看到对方时，会感到你们的心是相连的，有一种心灵相通的感觉。你们总能在对方身上找到长处，你们在对方心中的形象也会逐步完善，逐渐丰满起来。

B. 雪天拥抱

在这段关系中，男方付出更多。男方较为主动，会大胆、主动地去追求。女方较为被动，但付出的爱并不少。你们的爱，需要愿意为了对方而不断变化，不断付出，不断变成更好的自己。反之，你们之间的爱就会渐渐消退。

C. 在田野里拥抱

在这段关系中，女方付出更多。女方是个很细心的人，总能敏锐地捕捉到男方的情绪变化，并有足够的耐心。矛盾发生时，男方可能比较任性，但事情过去后，也会感到内疚。在外人看来，你们之间的感情很幸福，但只有你们自己知道，这段感情很脆弱。

D. 在草地上拥抱

　　你们之间的感情源于激情冲动。你们之间的爱情其实早已经名存实亡了，或许你们都在打发时间，等到某个时候，真的心灰意冷了，才会分开。或许你也想给对方更多的时间来思考该怎么做，但你们要知道，既然不爱，就要坚决地说出来，不要再这样互相折磨。

完美的爱情是可持续发展的情感

从现实的角度来说，完美的爱情是不存在的，但能够让彼此成长的爱情一定是存在的，而这样的爱情就可以说是好的爱情。

耶鲁大学教授罗伯特·斯滕伯格认为一段好的爱情应该包括三个因素：激情、亲密、承诺。这三个因素构成了"可持续发展的情感"。

激情，就是两个人相互吸引，产生热烈、高强度的美好体验，也就是"多巴胺"带给人的高峰体验。

亲密，指知己知彼，把自己的脆弱暴露给对方，与对方分享自己的经历、感受、物质和身体等。

除了激情和亲密，好的爱情一定离不开承诺。承诺是指两个人对未来生活有着共同的预期、规划，以及责任感。承诺基于两个人的共同诉求，共同制订计划，共同来达成"看得见的未来"。

用斯腾伯格的观点看来，激情、亲密、承诺这三者都具备，并且能持续下去的感情，就是一段理想的感情。

真正的爱，不是爱理想中那个完全匹配自己的完美伴侣，也不是凑合过日子，而是接纳那个跟自己一样并不完美、脆弱的人，然后两个人共同成长，成为不完美，但更完整的人。

爱永不失败。

2. 测测你和伴侣的心理距离

你觉得下面哪对动物的状态最像你和伴侣的状态？

A. 两只挨着的兔子

B. 两只面对面的鸭子

C. 两只趴着的小浣熊

D. 两只头朝着一边的鹦鹉

A. 两只挨着的兔子

你和对方的心理距离很近，是很亲密的情侣。如果你们相恋不久，那么这个状态很正常；如果你们已经是老夫老妻了，那么你们的关系很好，是很难得的状态。你们之间的心理距离很近，应该很了解对方的喜怒哀乐，希望你们可以一直保持这种状态。

B. 两只面对面的鸭子

你跟对方的心理距离适中。你们的关系可能是老夫老妻，或者更像认识多年的挚友，相敬如宾。如果对方并不是特别渴望亲密，你们都认为这样比较舒适，那么这种状态也很好；但是如果对方还想更加亲密，你们之间就可能出现问题。

C. 两只趴着的小浣熊

你们两个的心理距离过于近了，一方可能比较依赖另一方。相互依赖的感觉对于依赖的人来说可能很幸福，但是对被依赖的人来说可能是一种负担。一段正常的关系中，一方并不能一直依赖另一方。如果你跟伴侣的距离是这样的，就应该试着调整一下。

D. 两只头朝着一边的鹦鹉

你跟对方的心理距离相对疏远。你们的关系类似于普通朋友，对于亲密关系来说有点儿疏远了。在你们的关系里，一个人靠近，另一个人就会躲；一个人远离，另一个就会靠近。这导致你们总保持一定的距离，你们需要想办法拉近双方的距离，不要躲避。

学会面向彼此

美国心理学教授戈特曼和妻子朱莉，通过长达 40 年，对超过 4 万对伴侣的追踪调查发现，决定婚姻成败的最关键因素就是双方的心理距离。反映到行为上，就是一对伴侣是否经常"面向"对方。

在他们的实验中，夫妻被要求坐在一起，并进行一次 15 分钟的交谈。实验员观察夫妻在交谈过程中是否面向对方。这里的面向对方是指，当一个人说话时，另一个人会快速给出回应，并看着对方的眼睛，或者至少是看着对方所在的方向，同时伴随亲密的情感表达、肢体语言和语气等。

这项研究最终的报告指出，习惯面向对方沟通的伴侣，婚姻幸福指数最高，他们有 86% 的时间都会在对方需要时给予关注；而最终离婚的伴侣，面向对方的回应时间只有 33%。

面向对方的沟通互动，可以打造伴侣之间专属的亲密感，这是一段关系长久且坚固的基础。而且这种沟通方式，是可以通过训练获得的。

第一，10 分钟的主动关心。

每天只需要抽出 10 分钟的时间，问问你的伴侣今天忙了些什么，或者今天过得怎么样。最重要的是，在这 10 分钟里，专注地听他说，并适时地给予反馈，比如"你今天真是辛苦了""你做得很棒啊"。

第二，像好朋友一样，伸出援手。

当伴侣不小心把事情搞砸了，我们要把埋怨换成支持，告诉他"没关系，有时候我也会这样，咱们一起看看怎么解决"；当对方心情低落的时候，把他当作自己最好的朋友，用安慰朋友的方式去安慰他。

第三，关注对方的情绪而不是语气。

有时候伴侣在跟你表达需求，但用的方式却像在找碴。比如他回到家，语气很差地跟你说："都这个点了，回家也没饭吃！"

这时候你可以试着忽略对方的语气，关注他真正的情绪，回应他："我感觉你心情不太好，我今天忙没来得及，我马上煮点儿面，你先休息一下。"你会发现，当你用"面向对方"的方式回应他时，他的态度也会缓和不少。

戈特曼说，如果已经是老夫老妻，想要关系变好，要做的就一点——彼此都"愿意改变"。

始终彼此真诚地爱着，

哀叹过，渴望过，哭泣过，

然后，永恒地合而为一。

3. 你了解别人的需求吗？

哪张图最符合你的状态？

A.

B.

C.

D.

A.

　　你想了解对方的需求，但是目前还不太了解，你也并没有完全做好满足对方需求的准备。也许你遇到过不少令你困惑的情况，有些人嘴上说需要你去做什么，但是当你真的这么做了之后，他们又不高兴。长此以往，你就对别人的需求有困惑，而且就算你知道了别人的需求，也不敢轻易去满足。因为你害怕你去做了，结果适得其反。

B.

　　你了解对方的需求，并且也愿意满足对方的需求。你的生活条件不错，家人会尽量满足你的需求，而且他们也教会你如何去满足他们自己的需求。因此，你可以通过经验判断出对方想要什么，也清楚地知道你的付出会得到回报，所以你愿意去满足别人的需求。这是你在人际关系，特别是亲密关系中的优点。

C.

　　你虽然了解对方的需求，但是并不想花时间、精力去满足这些需求。你可能经常被别人要求，但当你满足了他们的需求后并不能得到什么回报，因此你逐渐学会无视别人的需求。这样做的结果是，在别人看来，你似乎是一个冷漠的人，但其实你只是不愿意去做得不到回报的事。

D.

你对于对方的需求并不关心，你更关注自己想要什么。你自己的需求还没有被满足，所以你也没有心思、能量去关心别人。或许你小时候就生活在一个比较匮乏的环境里，这让你没有心思去关注别人，关注周围的事情。因此，你常在一段关系中感到无所适从。

男女的需求差异

第一，情感需求上的差异。

男女分别有六个不同的核心情感需求，男人的情感需求是信任、接受、感激、赞美、认可和鼓励；女人的情感需求是关心、理解、尊重、忠诚、体贴和安慰。

从各项心理学研究的结果来看，男人在两性关系里最重视的是被无条件地接纳；而女人最重视的，是在她所爱的人心中居首位。

第二，性和爱上的差异。

心理学研究表明，男人和女人在对待性和爱的顺序、目的、态度上都有明显差异，这和男女的生理结构有直接关系。

男人爱上一个女人，首先爱的是她的外貌和身体，占有这个女人是男人最大的愿望；但对女人来说，和谐的性关系的前提是男人能够在情感上满足她，体贴、照顾她的感受。

第三，男女最怕的事不同。

男人最怕被认为无能，女人最怕被忽略。

美国社会语言学家黛博拉·坦南的研究指出，再自信的男人，在表达时也一样喜欢"英雄化自己"，结合进化心理学和社会心理学来看，男人有"英雄主义"情结，他们渴望权力、被人尊敬。而女人呢，最怕的是落单、被忽略。

就算你把很多事情搞砸，

也依然是我的伙伴。

4. 你的价值感来自哪里?

下面几张关于大海的图片,你最喜欢哪张?

A. 夕阳下的海面上,只有一艘船

B. 热闹的贸易港口

C. 渔村中停满渔船的港口

D. 几个人在海滩看着空旷的海面

A. 夕阳下的海面上，只有一艘船

你的价值感主要来自你自己，当然，外在的金钱物质，他人的肯定也会给你一些价值感。只有那些你真正认为有价值的事情，你才会全心全意去做。不过，有时候你也会因为外界赋予的价值而去做某件事，并且有意外的收获。因此你会发现，一开始认为没价值的事情，有时也是值得尝试的。

B. 热闹的贸易港口

你的价值感部分来自外在，你赋予事情价值的能力不强，所以很多时候依靠外部给予的经济或者情感价值来驱动自己做事。虽然很多时候金钱或其他外部刺激都可以打动你，但是你也有自己的坚持，有对自己内在价值的追求。

C. 渔村中停满渔船的港口

你的价值感大多来外在。你完全用金钱、时间或情感来衡量事物的价值。依赖外在的价值感并不是不行，但是无法获得外在价值时，你该如何驱动自己做事呢？如果你能学会从内在寻找价值，那么你的生活会更轻松。

D. 几个人在海滩看着空旷的海面

你的价值感大多都来自内在。你对于事物的价值有很强的标准，并不会根据金钱等判断事物的价值。别人很难说服你去做某件事，只有你自己发自内心地意识到这件事情是有价值和意义的，你才会愿意去做，因此有时你会显得有些不近人情。

增加自我稀缺性，提升自我价值

学会打造自我的价值稀缺性，你就有更多机会收获你想要的东西，包括他人的认可，甚至是制定规则的权力等。

具有自我价值稀缺性的人有三个特点：不可复制、稳定性、激发他人优势。

不可复制很好理解，指某个特定的特质、技能或优势无法被其他人轻易模仿或复制。就拿古代的青花瓷来说，它的不可复制在于我们不可能再回到那个时间点，不能再复制那段历史。要想拥有不可复制性，就要培养在某个领域或方面的独特竞争优势，包括特殊技能、经验、情感或资产等，专注于打造自己的长处或特色，可以让我们更具有不可复制性。

稳定性可以理解为"不会过时"。比如那些传世的古董、画作，即便审美在不断变化，但从来都不会有人觉得它们"过时"。

如何让我们拥有稳定性呢？可以通过持续输出价值，带领他人成长，要记住，彼此成就，才是永不过时的价值。

激发他人优势能让和我们相处的人感觉自己是特别的。最简单的方式就是发现对方身上最大的优势或者最特别的个性，然后不断地、有意识地去强化它。

为了去爱和被爱。

5. 你有多缺爱?

你认为下面哪一个小孩最高兴?

A. 带红帽子的小孩
B. 穿黄裙子的女孩
C. 拿竹竿的小孩
D. 骑自行车的小孩

A. 戴红帽子的小孩

你非常缺爱。你就如同这个小男孩一样，只要捡到地上掉下来的果子就很开心了。你的快乐很简单，或许别人随便给予一点儿帮助，你就会认为对方是爱你的，因此你很容易被别人用一点儿爱"钓"走。不过，你也是爱自己的，你会努力寻找快乐。

B. 穿黄裙子的女孩

你有一点儿缺爱。就像图中这个女孩一样，你总是期待着别人给你的爱。别人为你做事，你当然会很开心，但是很多时候，你对别人的期待过多，而忽略了自己的能力。其实爱是相互的，你可以适当地付出一些努力，让爱你的人也得到一些回报。

C. 拿竹竿的小孩

你并不缺爱。你选择的这个的孩子在为其他孩子做事，而且他可能乐在其中，说明你不仅可以做到爱自己，也可以去爱别人。但是你要注意是否付出了过多的爱，而忽略了自己。

D. 骑自行车的小孩

你并不算缺爱，但是你也很少被爱和爱别人。你就像骑车的小孩一样，做着自己想做的事，没有融入他们，你看着别人，仿佛他们和你没什么关系。爱或许不是你想追求的，即使不被爱，你也可以过得很好，因为你知道如何满足自己。

135

4个方法治愈缺爱型人格，让爱靠近你

一、接受事实

你要接受，在"感情中失去自我"是你自己的问题，需要你自己解决。

成年后的"缺爱"，往往源于儿时没有发展出健康的依恋模式。无论是过度付出，还是在感情中焦虑、患得患失，都是因为你内在没有一个恒定、支撑自我的客体，所以才会极度害怕分离，害怕不被关注。

想要拥有成熟、互相滋养的关系，就必须打破内心的桎梏，改变依恋模式。

二、重存在，轻占有

"占有"指看重亲密关系带来的结果，比如"永远在一起""时刻在一起"等。而"存在"指的是，把注意力和感受放在体会爱的质量上，比如每一次情感互动、爱意的相互传达等。

当我们把注意力放在"存在"上，会更加轻松地享受"爱与被爱"的过程，把两个人共同的经历看作对这段感情最大的奖励，而不是时刻想把对方抓在手里。

三、降低期望

期待越多，失望越多，遗憾也就越多；越希望对方按

照自己的想法去做，就越容易失望。为对方付出，一定要自愿，而不是希望对方给予回报。

当我们降低自己的期待值，给自己一个"可能他不会给我回馈"的假设，可能就不会付出过多。

四、学会表达感受

学会表达情绪，而不是带着情绪表达，比如告诉对方，"家是两个人的，我不想一个人做家务，我希望你能跟我一起分担家务"。有矛盾时，用"你这样做让我觉得不舒服"来表达情绪，而不是把"我受够你了"放在嘴上，或使用冷暴力。

学会表达感受，是不再压抑自我情绪的开始，也是拥有力量感的开始。越敢于表达自己的感受，对方才越有机会了解你到底想要什么，彼此之间的距离才会越来越近。

生活有时很难，

但你被爱着。